AF610968

LETTRE

A

M. LE DIRECTEUR GÉNÉRAL

DE L'AGRICULTURE,

DU COMMERCE ET DES MANUFACTURES,

SUR LA NÉCESSITÉ DE PERMETTRE

L'EXPORTATION DES LAINES

DE MÉRINOS FRANÇAIS;

PAR M. GABIOU,

Ancien notaire à Paris, propriétaire-cultivateur, membre de la Société royale d'agriculture et du Jury pastoral de la Seine, membre de la Société d'Encouragement, et correspondant de celle des Sciences physiques, de Médecine et d'Agriculture d'Orléans.

SE TROUVE A PARIS,

Chez Madame HUZARD (née VALLAT LA CHAPELLE), imprimeur-libraire, rue de l'Éperon, n°. 7; et PIERRE DIDOT l'aîné, imprimeur-libraire, rue du Pont-de-Lodi, n°. 6.

1814.

LETTRE

À

M. LE DIRECTEUR GÉNÉRAL

DE L'AGRICULTURE,

DU COMMERCE ET DES MANUFACTURES,

SUR LA NÉCESSITÉ DE PERMETTRE

L'EXPORTATION DES LAINES

DE MÉRINOS FRANÇAIS.

MONSIEUR LE DIRECTEUR GÉNÉRAL,

LES propriétaires de mérinos peuvent donc enfin faire entendre leurs justes réclamations, et ils ont maintenant en vous, à qui les adresser; vous êtes leur protecteur naturel. Honoré de la confiance du Roi et du Ministre, vous la justifiez par la pureté de vos intentions et par l'étendue de vos lumières, par votre équité comme par votre application aux affaires. Que de raisons pour les propriétaires de mérinos d'espérer qu'ils obtiendront justice !

Vous savez déjà, M. le Directeur général, que je veux vous entretenir de la prohibition d'exportation des laines de mérinos français. J'ai eu l'honneur de vous en toucher deux mots chez vous; mais ce n'est point dans une audience de quelques instans qu'on peut traiter une question, pour peu qu'elle soit importante. Je n'entreprends même point d'approfondir celle dont il s'agit ici; je ne veux, Monsieur, que vous présenter quelques considérations générales, et discuter la loi sur laquelle on appuie la prohibition. On la regarde comme constante, dans vos bureaux; j'espère prouver, moi, qu'elle n'existe point, ou du moins qu'elle n'est nullement applicable aux laines fines, provenant des mérinos français; que cette extension n'a jamais été dans l'esprit du législateur; qu'elle est donc une souveraine injustice qu'il faut faire cesser du moment qu'elle est signalée, à moins qu'on ne veuille continuer tous les maux qu'elle a faits et aux propriétaires, et à l'industrie de l'éducation des mérinos, et à l'agriculture, ce qui à coup sûr, Monsieur, n'est et ne sera jamais dans vos intentions.

Je ne puis, d'abord, me dispenser de vou faire, Monsieur, un abrégé historique des obstacles qu'a éprouvés l'introduction des mérinos en France, et des tribulations de tout genre que ceux qui s'en sont mêlés ont eu à souffrir.

Des Français, amis de leur pays, conçoivent l'idée de lui procurer une nouvelle source de richesses nationales, en y introduisant la race des mérinos; quelques propriétaires les secondent; le zèle des uns et des autres est méconnu. Les essais pourtant sont heureux, et promettent de grands résultats. La gent routinière des fermiers se soulève; elle est excitée par l'intérêt particulier des commerçans en laines, qui craignent de voir détourner la route du commerce de laines fines qu'ils font avec l'Espagne, et duquel ils tirent des bénéfices d'autant plus considérables qu'on peut plus difficilement les évaluer. Les manufacturiers, méconnoissant leurs vrais intérêts, se liguent avec eux. Ils avancent, d'un commun accord, les assertions les plus fausses et les plus décourageantes. Les mérinos ne pourront jamais s'acclimater en France, leur laine dégénérera, ils sont trop délicats à élever, ils coûtent trop cher à nourrir, la viande n'en est pas bonne. Sur ces propos, personne n'en veut acheter, des fermiers refusent d'en recevoir en pur don, à la seule charge de les soigner.

La révolution arrive, et suspend les essais.

L'établissement de Rambouillet, formé par Louis XVI, est à la veille d'être détruit. Il est sauvé par le zèle courageux de la Commission d'agriculture dont faisoient partie MM. *Gilbert*, *Tessier* et *Huzard*. L'état de prospérité dans lequel elle le met bientôt, malgré tous les obstacles qu'on lui oppose, rappelle l'attention sur les mérinos ; des propriétaires les recherchent ; de nouveaux troupeaux sont tirés d'Espagne, qui donnent enfin aux mérinos une valeur réelle ; et ces mêmes fermiers, qui n'en avoient pas voulu pour rien, les achètent à Rambouillet à des prix fort élevés.

De nouvelles objections sont faites alors par les manufacturiers et les négocians en laines. Les mérinos se sont bien acclimatés en France, mais la laine de ces mérinos devenus français n'a pas le même degré de finesse, ni la même élasticité que celle des mérinos espagnols. MM. *Vassali Eandi* et *Morel de Vindé* font des expériences qui prouvent sans réplique que les laines de France égalent en finesse et surpassent en élasticité les laines d'Espagne. Eh bien ! une grande différence existe entre les draps fabriqués avec les laines d'Espagne, et ceux fabriqués avec les laines fines de France ; ces derniers sont bien plus secs et durent bien moins que les autres. Des expériences comparatives sont encore faites qui réduisent de nouveau les adversaires au silence.

Les batteries changent : et si un mouvement général est donné à la vente des mérinos, qui encouragera leur reproduction, et finira par ce résultat désiré de réduire des prix trop élevés à des prix raisonnables, il s'en faut bien que les laines aient acquis leur véritable valeur. Par l'effet des menées qu'on emploie, elles sont achetées à 40 pour 100 au-dessous de ce que coûteroient rendues en France de pareilles laines tirées d'Espagne. Les moyens d'exercice de ce monopole ne sont pas bien difficiles aux marchands de laines ; ils se concertent, et fixent entre eux d'avance chaque année les prix auxquels ils achèteront. Puis, s'assignant les départemens que chacun d'eux devra parcourir, ils prennent isolément chaque propriétaire de mérinos ou chaque fermier cheptelier, et ne lui offrent que le prix qu'ils ont arrêté de ne pas dépasser. Il faut bien que ceux-ci cèdent au besoin de vendre, placés d'ailleurs, comme ils le sont, dans l'impossibilité de vendre à d'autres qu'à ces marchands. Mais ces marchands ne sont déjà plus les seuls qui attaquent les propriétaires : un décret vient de leur porter un coup funeste ; il défend l'exportation des beliers et des brebis mérinos de France.

De toutes parts les propriétaires se plaignent. Le Gouvernement feint de vouloir encourager la production des laines fines et l'amélioration des laines françaises ; mais il a cru voir que l'exercice pour son compte de la branche d'industrie de l'éducation des mérinos lui rapporteroit de gros bénéfices ; un projet de décret est donc présenté pour couvrir la France de bergeries impériales et de dépôts de beliers : sous prétexte des avantages de la transhumation des troupeaux, il donnera à l'agriculture française les lois du Conseil de la Mesta si funestes à l'agriculture espagnole ; il procurera au Gouvernement les moyens de s'emparer de l'industrie de l'éducation des mérinos. Le projet est repoussé, tant les intentions en sont évidentes, et tant les effets en seroient désastreux. Il se résout en un décret de création de dépôts de beliers qui arrêtent tout court la vente et des beliers et des brebis de race pure. Ils tombent au tiers de leur prix, ou plutôt même les propriétaires ne peuvent plus vendre que des beliers, encore n'est-ce qu'au Gouvernement, qui ne les paie même que le prix qu'il veut. La perte est immense pour le propriétaire, et la punition pour l'autorité est qu'elle fait tous les ans une perte de 3 à 400,000 francs.

Dans le même temps, le Gouvernement avoit confisqué en Espagne, à amis et ennemis, à des Français mêmes, une quantité considérable de laines fines, il les vend à vil prix à cause de l'état d'avarie où elles sont pour la plupart. Des capitalistes en avoient aussi tiré d'Espagne, et ils les mettent également sur la place. Trente mille balles de laine viennent aussi encombrer nos magasins, et pourvoir pour plusieurs années aux besoins de nos manufactures. Les propriétaires de mérinos français ne peuvent plus vendre leurs laines, à quelque prix que ce soit.

Toutes ces circonstances sont aggravées encore par l'état des affaires publiques. La guerre devient plus furieuse que jamais. Les manufactures de draps fins n'écoulent plus leurs produits à cause de la gêne où se trouvent tous les citoyens. Les laines communes qui servent à la confection des draps des troupes sont les seules recherchées, parce qu'il n'y a plus que des soldats en France, et elles sont vendues aussi cher que les laines fines. Le découragement est au comble chez les propriétaires de mérinos. Fatigués des pertes continuelles que les erreurs du Gouvernement lui ont fait éprouver depuis quatre ans, ils renoncent la plupart à une spéculation ruineuse; les chepteliers de troupeaux de race pure laissent périr leurs bêtes de misère et de faim, et le nombre des mérinos diminue de tout côté en France.

Alors un nouveau décret est rendu; l'idée en est heureuse : il crée une foire aux laines à Paris pour soustraire les propriétaires au monopole des marchands. Un établissement, qui appelleroit la concurrence des acheteurs et des vendeurs, feroit cesser en effet tout monopole. On y joint un lavoir. On promet d'y joindre une caisse d'avance; mais elle n'est pas créée, et l'établissement ne produit d'autre effet encore que de montrer l'animosité des marchands contre tout empêchement mis au monopole(1).

(1) L'idée d'une foire aux laines étoit bonne, mais j'ai la preuve que le Gouvernement détruit a moins pensé aux propriétaires de laines fines, qu'à faire une affaire d'argent, et qu'il n'a voulu que s'emparer de l'industrie du lavage des laines, comme il a voulu s'emparer de l'industrie de l'éducation des mérinos, comme il s'étoit emparé de tant de branches d'industrie et du commerce. Si l'établissement de la foire aux laines reste dans les mains du Gouvernement, je prédis qu'il ne procurera qu'un avantage de peu de durée, et qu'il ne sera nullement utile aux propriétaires de mérinos; et je le prouve dans un mé-

Pour mettre le comble à tant de tribulations, l'étranger envahit la France. Tout ce qui ne peut être soustrait en troupeaux de race pure aux recherches avides du soldat devient la proie de sa voracité, et les mérinos sont détruits partout. Le peu que le malheureux cultivateur en sauve est réduit à mourir de faim. Des réquisitions faites coup sur coup ont enlevé tous les fourrages. Les malheurs sont communs pour tous les habitans des campagnes; la perte est décuple pour le propriétaire de mérinos.

Enfin la paix est rendue à l'Europe. Elle est avantageuse à tous, elle va ranimer toutes les branches d'industrie, elle va assurer à chacun l'exercice de ses droits de propriété industrielle ou foncière. Mais quand les propriétaires de mérinos croient toucher au terme de leurs maux, et pouvoir jouir aussi de la paix, voilà qu'au nom

moire que je vais faire imprimer. J'y propose au Gouvernement de l'abandonner à la masse de ces propriétaires, qui régiroient, au moyen des préposés actuels, par des administrateurs gratuits, nommés parmi eux à tour de rôle; j'y prouve que le Gouvernement trouveroit son compte dans l'établissement ainsi organisé, et en tireroit tous les ans une somme fixe et assurée; que les consommateurs, les propriétaires, les marchands de laine et les manufacturiers, y auroient aussi chacun leur avantage.

des intérêts du commerce, la guerre leur est déclarée de nouveau par les manufacturiers et les marchands de laines. Voilà que, profitant de l'impatience qu'a l'administration de remédier promptement aux maux produits par le dernier Gouvernement, ils l'obsèdent, ne lui laissent le temps de rien examiner, et lui persuadent qu'elle ne suivra que les anciens erremens en continuant une défense d'exportation des laines de mérinos, qui devient aujourd'hui le coup de grâce pour les propriétaires de troupeaux de race pure.

Que veulent donc ces marchands? Comment ont-ils le courage de demander encore la défense du libre commerce des laines de mérinos, quand ils savent les pertes énormes éprouvées par les propriétaires? eux qui sont toujours si ardens à solliciter des encouragemens, des priviléges, des brevets en faveur des producteurs, eux qui crient si haut qu'il faut que leurs manufactures *fleurissent* (ils veulent dire leur produisent de gros bénéfices), de quel front osent-ils solliciter l'autorité d'obliger les propriétaires de mérinos à abandonner leurs laines à un prix de 30 pour 100 au-dessous de ce qu'elles coûtent aux producteurs! Ne veulent-ils que tuer l'industrie de l'éducation des mérinos en France, afin de ne plus trouver que dans l'étranger des laines fines à l'aide d'un commerce dont les bénéfices concentrés entre un petit nombre resteront inconnus? Qu'ils soient tranquilles; ils n'auront pas long-tems à manoeuvrer. Je leur garantis qu'avant trois ans ils n'y aura pas dix troupeaux de race pure en France. Les consommateurs verront alors si c'est en leur faveur, et pour faire baisser le prix des draps, que les marchands ont sollicité si ardemment l'achèvement de la ruine des propriétaires de mérinos.

Je ne puis expliquer cet acharnement de la part des marchands, et la constance inouïe que mettent à souffrir les propriétaires et les cultivateurs, que par la différence d'esprit de chaque profession.

Le cultivateur a naturellement les idées libérales, il ne s'inquiète que de produire; ami de tous les hommes, il n'a intérêt, il ne tend qu'à les servir tous, il ne demande que la paix et la liberté de vendre ses denrées.

Le marchand n'a en vue que le bénéfice, et il le cherche par-dessus tout; les hommes et les choses ne sont rien pour lui, si elles ne lui procurent quelque gain. Il brisera le nouvel instrument de travail, il détruira une partie de productions qui enrichiroit la société ; il persécutera un plus industrieux que lui, s'il en craint quelque chose pour ses intérêts. Le monde entier doit être son tributaire, et les maux qui affligent l'humanité ne sont pas tout-à-fait des maux, si son commerce en profite.

Tel est le marchand, et tel sa profession veut qu'il soit. Cela ne l'empêche pas d'être loyal en affaires, d'avoir de la bonne foi et de l'exactitude à remplir ses engagemens ; d'être même généreux quand il ne s'agit pas d'affaires de son commerce. Dans l'ordre général, ses défauts sont utiles, et un administrateur aussi habile que vous, Monsieur, saura toujours bien se garer des vices inhérens à chaque état ; il fera plus, il saura en tirer parti.

Quoi qu'il en soit, dans cette lutte élevée aujourd'hui entre les propriétaires et les cultivateurs d'une part, les marchands de laine et les manufacturiers de l'autre, le Gouvernement sacrifiera-t-il les premiers aux seconds? non : il sait qu'ils concourent tous à la prospérité de l'Etat, que la France est pourtant encore plus agricole qu'elle n'est commerçante ; que l'agriculture n'y a jamais reçu des encouragemens réels ; que le commerce et les manufactures en ont eus, au contraire, de toute espèce à ses dépens ; qu'il y a aujourd'hui cette circonstance particulière en faveur des propriétaires, que l'impôt foncier est énorme, et que lui et le cultivateur sont ruinés par les requisitions, le pillage et l'incendie, quand, au contraire, les négocians, les gens à portefeuille, en ont été quittes pour quelques pertes mobiliaires faciles à réparer.

Il sait surtout, le Gouvernement, que si c'est le cultivateur qui procure l'abondance (source de la concorde), ce sont les continuelles demandes d'exercice de monopole exclusif qui entretiennent les haines nationales et ont excité la plupart des guerres les plus meurtrières. Sans remonter plus haut, c'est au nom de l'intérêt du commerce, c'est à la grande satisfaction des fileurs de coton, que le traité d'Amiens est rompu, et que se fait une guerre qui moissonne dix millions d'hommes en Europe. Il est vrai que les fileurs français parviennent à tripler pour les consommateurs de leur pays le prix des cotons manufacturés, à arrêter les progrès de notre agriculture ; à ruiner même notre commerce, qui ne peut plus exporter nos vins, nos grains, nos toiles, nos batistes, nos ouvrages d'imprimerie et d'orfévrerie, etc., etc. ; mais qu'importe aux fileurs pourvu que leurs *filatures fleurissent :* ce n'étoit point à eux à dire qu'ils s'efforçoient vainement d'acclimater en France une industrie exotique qui n'y pouvoit prospérer, et à prévoir qu'ils seroient les dernières victimes de leur avidité, et que de cinq cents filatures de coton établies en France par la direction forcée donnée à l'industrie humaine, il n'en subsisteroit pas la vingtième partie à la fin de la guerre. Judicieux *Sully*, qu'aurois-tu pensé des décevantes expositions des produits de notre industrie *cotonnière*, toi qui disois et répétois toujours, *labourage et pâturage sont les deux mammelles de la France ?*

Les marchands et les manufacturiers excipent d'une loi qui prohibe l'exportation des laines, et se croient bien forts en disant qu'ils ne demandent que la continuation de ce qui s'est pratiqué jusqu'à présent.

Examinons cette loi qui est du 26 février 1792. Voyons ce qu'elle porte, et si elle fait une aussi grande autorité qu'on veut le faire croire.

D'abord en quel temps, et par qui cette loi a-t-elle été rendue? Dans un temps d'égarement général, où les esprits étoient en révolte contre le bon sens et la raison, aussi bien que contre l'autorité légitime, et où, pour arriver à l'attentat le plus grand que les hommes puissent commettre, on renversoit tous les principes d'ordre et de propriété, qui sont les barrières du trône. Quels sont aussi les auteurs de la loi ? Ce sont les parties même intéressées. Personne n'ignore que c'étoient en effet les Comités de nos assemblées législatives qui, dans les matières de peu d'intérêt, faisoient les lois, et que la masse des députés n'intervenoit jamais pour voter en connoissance de cause que dans les affaires d'un intérêt majeur ou général. L'affaire de l'exportation des laines étoit de bien peu d'importance à la fin de février 1792, pour des hommes qui méditoient le renversement de la monarchie. C'est sur le rapport du Comité de commerce, composé uniquement de commerçans; c'est de pleine confiance en lui, c'est sans discussion d'urgence, afin que rien ne pût être examiné, que l'Assemblée législative rendit son décret. Il suffit d'en lire le considérant pour se convaincre que c'est l'intérêt personnel qui a profité de l'exagération des idées, pour tourner à son profit particulier l'esprit de parti. « L'Assemblée nationale, dit » le décret, considérant ... qu'elle doit.... » priver les ennemis de la chose publique de

» la faculté de faire passer à l'étranger, en » matières premières, la masse de leurs capi- » taux.» L'avidité mercantile perce-t-elle assez, et s'empare-t-elle là assez facilement de l'esprit de parti? Il lui suffit de le réveiller. Il ne verra pas combien le considérant est faux sous tous les rapports : combien même il est absurde dans l'intérêt du parti. Ces mots, *les ennemis de la chose publique*, ont suffi pour l'aveugler : ce sont de terribles ennemis en effet que les propriétaires de laines, que les cultivateurs qui produisent les matières premières; ils tiennent à leurs propriétés, aux lois qui les leur assurent, au Prince qui les protège; ils ont pour devise, *pro aris et focis*. Que de tort aux yeux de marchands qui ne tiennent qu'au pays où il y a des gains à faire, et qui ont pour maxime principale, *ubi bene, ibi patria!*

En second lieu, le décret ne défend que *provisoirement* l'exportation des laines; seroit-ce que les membres du Comité de commerce auroient vu, à la disposition des esprits de l'Assemblée, qu'ils n'obtiendroient jamais cette défense, si désastreuse, de l'exportation, si l'on venoit à examiner les principes? Seroit-ce qu'ils auroient jugé prudent de ne demander d'abord que le provisoire, bien sûrs que, d'après le caractère connu des cultivateurs et propriétaires et des marchands, le provisoire finiroit par emporter le fond. En ce cas, je leur dois un nouvel hommage pour leur habileté; elle a eu tout le succès qu'ils en attendoient.

Ne seroit-ce pas plutôt qu'au milieu des erreurs de partis et de l'intérêt personnel, le Comité de commerce auroit senti que la mesure de défense d'exportation des laines, ne pouvoit être justifiée que par la circonstance particulière de la guerre, qui se déclaroit alors entre la France et l'Autriche, ni être proposée que provisoirement, tant que les hostilités dureroient; mais alors les commerçans d'aujourd'hui ont bien renchéri sur leurs prédécesseurs, puisqu'après vingt-deux années de jouissance d'un provisoire, dont ils ont si bien tiré parti à l'aide de la guerre, ils s'obstinent à vouloir qu'il devienne définitif, aujourd'hui que la paix est faite, et qu'aucune des raisons de circonstances qui avoient fait établir ce provisoire ne subsiste plus.

En troisième lieu, à l'époque où fut rendu le décret, les laines fines, provenues de mérinos français, ne pouvoient pas compter dans le commerce. Au commencement de 1792, il n'y avoit en France, en troupeaux de race pure, que celui de Rambouillet, qui appartenoit au Roi, et cinq ou six autres, peu nombreux, sur lesquels les propriétaires faisoient leurs expériences. Les laines réunies de tous ces troupeaux n'eussent pas fourni vingt balles de laines lavées. Aussi le décret ne fait-il aucune distinction de laines fines et de laines communes; et l'on ne peut dire que ce soit une omission; car pour marquer qu'il ne veut rien omettre, il mentionne *les laines filées ou non filées.*

Il suit de là que le législateur n'a jamais voulu comprendre dans le décret les laines fines de France. Et en effet, on ne peut douter que, si le Comité de commerce s'étoit avisé de proposer de faire entrer dans la prohibition d'exportation quelques balles de laines fines, provenant d'expériences faites pour procurer à la France une nouvelle source d'industrie et de richesses, ou que si l'on eût deviné qu'il vouloit atteindre d'une manière détournée ces balles et celles qui seroient la suite de la continuation des essais, on ne peut douter, dis-je, que le Comité d'agriculture eût été éconduit dans sa demande; puisque, suivant les commerçans, grands partisans (par intérêt) du système prohibitif et réglementaire, c'est une obligation de la part des Gouvernemens d'encourager, non pas seulement par des exemptions, mais même par des primes en argent, l'établissement, dans un pays, de toute nouvelle branche d'industrie qui peut le mettre à même de se passer de ses voisins.

Ainsi donc s'écroule pour les marchands de laine cet appui de la loi de 1792, sur lequel ils comptoient tant. Il est évident qu'elle ne dit rien qui défende directement ou indirectement d'exporter les laines de mérinos français, que le législateur a voulu les exempter, et qu'à l'égard de toutes les laines communes elle n'en défendoit la sortie de France que provisoirement, et à raison seulement de circonstances, qu'ont fait cesser enfin la paix de l'Europe, et l'heureux rétablissement des Bourbons sur le trône de leurs pères.

Mais certes, il est dur qu'une mesure provisoire, établie par la passion et l'intérêt personnel, ait duré pendant vingt-deux ans; ils est doublement dur pour les propriétaires de mérinos qu'on la leur ait aussi faussement appliquée, à eux qui, j'ose le dire, méritoient la reconnoissance publique pour leur invincible persévérance à faire le bien de leur pays; et aucune réclamation n'a été faite en leur faveur! et ils ont été abandonnés par l'Administration chargée de les défendre! Pourquoi aussi n'étoient-ils pas des négocians : ils auroient assiégé les bureaux. Ils s'imaginoient qu'il leur suffisoit d'être dans leurs champs et à leurs troupeaux, depuis le point du jour jusqu'au coucher du soleil; pauvres gens! Ils méritent bien de porter deux charges, d'être écrasés d'impôts et de réquisitions, et en même temps empêchés de vendre leurs denrées.

Il est vrai qu'un des Ministres, qui leur a fait le plus de mal, a imaginé, pour les dédommager, de promettre *des primes d'encouragement consistant en médailles d'or et d'argent à ceux d'entre eux qui produiroient les plus belles laines*; un encouragement de deux louis à celui à qui l'on fait perdre 15 ou 20,000 francs par an! une médaille d'honneur pour amortir l'effet d'un monopole qu'on a concédé! quelle conception!

La conséquence de cette discussion, M. le Directeur général, est que, comme on a pourtant appliqué la loi de 1792 aux laines de mérinos français, on a commis par cette application une grande injustice. Je vous demande de la faire cesser. Il ne s'agit pas de rapporter le décret. Il s'agit seulement de reconnoître l'erreur que j'ai signalée, et de ne pas continuer à donner au décret une extension qui est l'injustice la plus révoltante, et la plus préjudiciable en même temps aux droits des propriétaires de mérinos français.

Mais la mesure est urgente; et ce n'est pas seulement parce qu'il est urgent toujours de faire cesser une injustice, c'est parce que celle-ci sera irréparable pour peu qu'on tarde à vouloir la réparer.

Et en effet, vous n'ignorez pas, M. le Directeur général, qu'il n'y a qu'une époque dans l'année pour la vente des laines, ou du moins pour faire le cours de leur prix : c'est celle de la tonte des troupeaux, et nous y sommes : cette époque coïncide avec celle de la première vente qui va se faire à la foire, le 4 juillet prochain, aucune autre n'ayant pu avoir lieu jusqu'à présent à cause des circonstances publiques.

Or, si les marchands de laines et les manufacturiers ne savent pas que les propriétaires de laines fines vont avoir enfin, comme les autres producteurs, le droit de vendre leurs denrées au prix de concurrence, il est hors de doute qu'ils continueront les manœuvres dont ils se sont si bien trouvés jusqu'à présent, et qu'à cette vente publique du 4 juillet prochain les laines tomberont encore au-dessous du vil prix auquel elles sont depuis plusieurs années.

Si cela est malheureusement, savez-vous ce qui arrivera, Monsieur? Eh bien, j'ai l'honneur de vous assurer (et ceci appelle l'attention d'un Administrateur tel que vous) que les propriétaires de mérinos, ceux qui ont résisté jusqu'à présent, renonceront, dès cette année même et pour toujours, à leur spéculation; que la précieuse branche d'industrie de l'éducation des bêtes à laines fines sera donc perdue à jamais pour la France, et qu'ainsi disparoîtront les nombreux avantages qu'elle commençoit à procurer à notre agriculture.

Oui, ceci n'est point une exagération, les propriétaires de mérinos font des pertes continuelles depuis trop long-temps, et des pertes trop considérables, ils ne peuvent plus les continuer, ils ne peuvent pas nourrir leurs troupeaux d'espérances. Si l'Administration, revenue à des principes libéraux, ne pouvoit mettre autant d'empressement qu'elle le désire, sans doute, à réparer les torts envers eux de l'ancienne Administration, c'en seroit fait, il ne leur resteroit plus qu'à gémir de cette cruelle destinée qui les condamne à être toujours victimes des événemens. Il ne leur resteroit plus qu'à livrer leurs troupeaux pour qu'ils soient égorgés dans les boucheries. Que sais-je même, Monsieur, si cette mesure que je sollicite de votre justice ne sera pas tardive pour cette année, et si les marchands de laine n'ont pas pris tous les moyens de la paralyser? Ils se vantent, du moins très-publiquement, que les réclamations des propriétaires n'aboutiront à rien. N'ai-je pas tout lieu de l'appréhender, d'après certain argument que j'ai entendu faire à une personne bien placée pour connoître parfaitement les marchands et tous leurs moyens?

Mais, dira-t-on peut-être, cette crainte de manoeuvres et de coalitions de la part des marchands est chimérique, puisque les laines seront vendues aux enchères à la foire, et que tout le monde pourra se présenter aux ventes. Eh! qui donc ignore aujourd'hui que dans les ventes de coupes de bois, dans les ventes de domaines nationaux, dans celles de denrées coloniales ou autres, cent enchérisseurs apparens se réduisent à deux ou trois tout au plus, qui sont les prête-noms de deux ou trois compagnies, et qui achètent pour le compte de leurs associés respectifs? Les marchands de laines sont bien autrement habiles, et ils n'auroient pas la maladresse de se diviser (ils craignent trop la destruction de leur empire). Il n'y a jamais qu'un acheteur dans les ventes publiques ou particulières. Tous les marchands de laines, à la tête desquels figurent un ou deux fabricans, dont les énormes fortunes proviennent bien moins de leur manufacture que de leurs achats de laines, ne font qu'une société entre eux : elle exerce son despotique empire sur les autres fabricans. Les plus forts, que leurs principes éloignent d'elle, et que leurs moyens de crédit mettent hors de sa dépendance, n'ont aucun intérêt d'attaquer cette société ; et, quant aux petits manufacturiers, s'ils s'avisoient de vouloir lutter contre elle, en prétendant acheter eux-mêmes directement, ils seroient bientôt mis de côté, et traités en ennemis, outre que la plupart d'entre eux n'auroient même pas de moyens personnels suffisans pour soutenir la lutte. Ainsi la prohibition de l'exportation des laines de mérinos français que quelques personnes croyent être utiles à nos manufactures, pour ensuite la juger avantageuse aux consommateurs, n'est véritablement avantageuse qu'à un très-petit nombre de marchands qui dirigent la société à leur gré, et couvrent fièrement leur intérêt personnel de l'intérêt du commerce de la France. Après s'être procuré à vil prix les laines, ils les vendent au prix qu'ils veulent aux manufacturiers, parce que, les possédant toutes, ils sont les maîtres du prix, et ce prix encore, grâce à leur habileté, ils peuvent le dissimuler de cent manières à l'aide des opérations de lavage et de divisions de qualités qu'ils font de ces laines, comme à l'aide des intérêts et profits de commerce qu'ils tirent des facilités de paiement accordés par eux aux manufacturiers. Voilà ce qui explique les colossales fortunes d'un ou deux chefs de ligne de la société du monopole du commerce des laines de mérinos français; et à côté d'eux sont ruinés les propriétaires! Voilà bien le *sic vos non vobis* (1).

Que les marchands osent répondre, et je leur donnerai la preuve de la vérité de ce que j'avance, et je saurai puiser encore à la source des révélations, et je dirai tout ce que je veux bien m'abstenir de dire ici.

---

(1) Je parois confondre les marchands de laines et les manufacturiers. On doit voir maintenant que je ne les confonds point; mais comme quelques-uns des marchands sont manufacturiers, je me sers indistinctement quelquefois des mots marchands et manufacturiers.

J'ai avancé qu'avec les mérinos disparaitroient les avantages qu'ils promettoient à l'agriculture, et que les progrès qu'elle avoit faits depuis leur introduction en France seroient arrêtés. Cette considération, M. le Directeur général, est de la plus grande importance, et néchappera certainement pas à votre sagacité. Les marchands-manufacturiers de draps ne voyent que le plus grand avantage de leurs manufactures particulières; les propriétaires de laines fines ne voyent que leurs droits de producteurs lésés, et la perte pour chacun d'eux de leurs troupeaux. Vous, Monsieur, vous verrez d'écouler d'une mauvaise mesure la destruction totale en France d'une des branches les plus précieuses de l'agriculture française; vous verrez cette destruction porter le coup le plus funeste à notre nouveaux système agricole. Tous les hommes savent voir le présent; il n'y a que le petit nombre des hommes comme vous qui sache lire dans l'avenir, et prévoir les conséquences des principes qu'on veut poser.

Il est incontestable que c'est depuis que les troupeaux de mérinos ont été introduits en France, que l'agriculture française à pris un nouvel essor, a abandonné de vieilles et vicieuses pratiques, et introduit un système de culture dont l'expérience a confirmé la bonté. C'est aux mérinos qu'on doit la culture en grand, inusitée jusqu'à eux, des prairies artificielles, nécessaires pour les nourrir. C'est à l'abondance des fourrages qu'ils doivent à leur tour d'avoir pu se multiplier. C'est leur nombre qui a fourni la grande quantité d'engrais, et c'est cette grande quantité d'engrais qui a permis de pouvoir supprimer les jachères. Cette suppression a fait imaginer elle-même une meilleure succession de culture qui a augmenté les avantages du système; et chacune de ces parties devenant tour-à-tour cause et effet, il y a eu tout à la fois et plus de troupeaux, et plus de fourrage pour eux, et une plus grande abondance de grains pour la nourriture de l'homme. Telle ferme produisoit à peine, dans l'ancien système, 400 setiers de blé et ne pouvoit pas nourrir 300 bêtes à laine, qui en nourrit aujourd'hui 800, et produit 600 setiers de blé tous les ans. A quoi le doit-elle? à ce que les 300 moutons de race commune que ce fermier y tenoit pendant six mois de l'année seulement, y sont remplacés par des mérinos que le propriétaire y entretient pendant toute l'année.

Mais dira-t-on, peut-être, le mouvement est

donné par les troupeaux mérinos ; il sera continué par les troupeaux communs. Non, Monsieur, cela ne se pourra pas ; jamais les troupeaux communs ne remplaceront les mérinos ; et la raison en est bien simple, c'est que le bénéfice que donne aux fermiers la spéculation de l'engrais des troupeaux pour la viande, est bien loin de suffire aux dépenses de la culture des prairies en grand, et qu'il n'y a pas un fermier qui, se livrant à cette spéculation, ne préfère de vendre le produit de ses prairies artificielles plutôt que de la faire consommer par ses troupeaux. Il les nourrit de paille la plupart du temps, et la perte de bêtes que le défaut de nourriture lui occasionne est moindre encore que ce qu'il manqueroit à gagner en ne vendant pas ses fourrages. Voilà pourquoi les fermiers n'ont des troupeaux communs qu'en petite quantité, et n'en gardent même qu'une portion pendant l'hiver, suivant ce qu'ils veulent ou peuvent sacrifier de paille. On peut sur ces faits consulter les fermiers, pas un ne les niera. Pourquoi les gens appelés à prononcer ne vouloient-ils pas connoître ces faits ni consulter les hommes de la chose ? Ils croyoient leur honneur compromis à paroître ignorer des détails qu'ils n'avoient pas eu besoin d'étudier, et ils ne voyoient pas qu'ils compromettoient l'intérêt public par leur faux orgueil.

Ainsi, Monsieur, jamais les troupeaux de race commune ne pourront remplacer les troupeaux de race pure; jamais même ils ne seront établis sur les fermes en aussi grande quantité que les premiers. Le grand nombre actuel des moutons diminuera donc, car il est du aux mérinos, et n'a lieu que par eux. Qu'ils disparoissent, et de toute leur quantité, sera diminuée sur le sol de la France la quantité de bêtes à laine qui s'y trouvent; seront diminués les engrais; seront diminuées les prairies artificielles; sera diminuée enfin la culture des céréales. Il suffit pour s'en convaincre de visiter un certain nombre de fermes, on reconnoîtra bientôt que les troupeaux les plus nombreux sont les troupeaux de mérinos, comme les terres les mieux cultivées sont celles où ils existent; tandis que les terres où le système des jachères est maintenu sont celles où il n'y a que des troupeaux de race commune.

Une autre cause aussi des progrès de l'agriculture, c'est que des propriétaires s'en sont mêlés, et qu'ils ont voulu se livrer eux-mêmes à la culture de leurs champs. C'est un goût qui gagne de plus en plus, et il est à désirer qu'il devienne plus grand encore? L'expérience a prouvé qu'il n'y a que des propriétaires qui puissent améliorer la culture. Eux seuls osent et peuvent faire les avances que réclame la terre, eux seuls tentent et suivent avec persévérance les essais : leur éducation leur donne, plus qu'aux gens de la campagne, l'esprit et l'habitude de combiner; et, l'agriculture étant surtout une science de combinaison, ils ont de ce côté de grands avantages, qui font plus que compenser les désavantages qu'ils ont d'un autre côté. Or à quoi les propriétaires doivent-ils ce goût de la culture? Ils le doivent principalement à l'introduction en France des mérinos. Ils n'ont voulu faire d'abord sur ces précieux animaux qu'une spéculation qui promettoit de grands avantages, et ils ont reconnu bientôt que, pour le succès de leur spéculation, il falloit qu'ils étudiassent, qu'ils suivissent, qu'ils soignassent eux-mêmes leurs troupeaux, puisque tout étoit encore à apprendre sur ce point. Ils se sont donc livrés entièrement à la culture, qui leur a donné des jouissances inconnues en même temps qu'elle leur a donné des moyens d'être utiles à leur pays. Mais hélas! ils ont été bien mal payés de leur zèle et de leur courage. Chaque acte de l'autorité publique leur a occassionné des pertes. Si les choses ne changent pas enfin pour eux, et qu'il leur faille renoncer à leurs troupeaux, ne doutez pas, Monsieur, que, dans leur découragement, ils ne renoncent à leur culture. Mais, je le répète avec douleur, ce sera un coup mortel porté à l'agriculture française, et qui arrêtera long-temps ses progrès.

On affecte de craindre que, si le commerce des laines étoit libre, les propriétaires de mérinos français ne s'empressassent de vendre leurs laines aux étrangers; quelle misérable crainte! est-ce qu'à prix égal, les étrangers n'achèteront pas toujours les laines plus cher que les nationaux, puisqu'au prix de la chose ils auront encore à joindre les frais de transport et les droits de douane (car il en sera mis à la sortie des laines de France pour concilier la faveur due à nos manufactures avec les justes droits des propriétaires); et si les fabricans étrangers achètent nos laines plus cher que nos fabricans, ils seront obligés de vendre aussi leurs draps plus cher.

Nos manufactures n'auront donc point à craindre dans leur commerce au-dehors la concurrence des draps étrangers. Est-ce que les propriétaires français n'auront pas naturellement aussi plus de disposition et d'avantages à traiter avec des français dont ils connoîtront les moyens qu'avec des étrangers qu'ils ne connoîtront que d'une manière indirecte ? Non, non, ce n'est pas là ce que craignent les marchands de France: ce qu'ils craignent, c'est que la concurrence des marchands étrangers au marché public ne porte les laines superfines françaises à leur prix véritable, et ne tue pour eux un monopole si doux à exercer. C'est au Gouvernement à voir de quel côté sont la raison et la justice.

Comme il seroit trop fort de la part des marchands de demander crûment l'exercice du monopole, ils ne manquent pas de mettre en avant l'intérêt des consommateurs tout aussi bien que celui des manufacturiers. J'ai fait voir tout-à-l'heure en quoi les manufacturiers profitoient du monopole des marchands; quant aux consommateurs, je ne vois pas ce qu'ils pourront gagner à l'exercice du monopole du marchand, si les manufacturiers n'y gagnent pas grand'chose. Mais dussent-ils en profiter un peu, il n'est pas de leur intérêt que les propriétaires de mérinos soient ruinés et obligés d'abandonner leur spéculation, parce qu'alors la France iroit acheter au-dehors les laines superfines, et qu'on paie toujours plus cher ce qu'on va chercher au loin que ce qu'on a chez soi. L'intérêt bien entendu des consommateurs est au contraire que l'industrie de l'éducation des mérinos prospère en France. Plus elle y prospérera, et plus la spéculation invitera à s'y livrer; plus il y aura de producteurs, plus leur concurrence fera baisser le prix des laines; moins donc le consommateur les paiera, jusqu'à ce que les choses en soient venues au point que les prix de vente n'offrent plus que les bénéfices naturels au genre de la spéculation; c'est ce qui arrive à toutes les manufactures, à tous les genres d'industrie, et ce qui est dans l'intérêt général. Mais jamais la baisse des prix ne doit arriver par des secousses violentes; quand elle arrive insensiblement dans une marchandise, elle ne produit aucun mal, parce que les marchandises analogues baissent dans la même proportion : ce sont les secousses qui, en rompant les rapports naturels des choses entre elles, produisent tous les maux, bouleversent les fortunes, et déplacent les hommes et les états.

Au reste, une preuve que ce n'est point à la cherté des laines que tient actuellement le haut prix des draps, comme les marchands veulent le faire croire, pour mettre de leur bord le consommateur qui ne réfléchit point, c'est que jamais les laines fines n'ont été plus abondantes et à meilleur marché qu'elles le sont depuis une dixaine d'années, depuis que les mérinos se sont si fort multipliés en France ; et cependant les draps sont doublés de prix en France de ce qu'ils coûtoient avant la révolution, et ils sont moins bien fabriqués, et l'on y met moins de matière première qu'autrefois. Le prix de la laine qui entre dans une aune de drap n'est presque rien en comparaison du prix que cette aune de drap se paie aujourd'hui. Ce n'est pas la matière, c'est la main-d'œuvre qui est chère.

La recherche des causes d'un renchérissement aussi prodigieux tient à l'honneur de tous ceux qui concourent aux objets de production de nos manufactures de draps et autres ouvrages en laines, et à leur tête je mettrai les propriétaires de mérinos qui fournissent la matière première, sans laquelle ce seroit bien en vain que les autres voudroient faire emploi de leur industrie manufacturière; viendront ensuite les marchands, les laveurs de laines et les manufacturiers. Eh bien ! que chacune de ces classes montre ce qu'elle a mis de capitaux en avant pour son fonds primitif, ce qu'elle en emploie annuellement, ce qu'elle fait de bénéfices tous les ans, de combien son capital s'accroît; en un mot que chacun présente son inventaire appuyé de pièces justificatives : qu'y verra-t-on? Que, malgré le malheur des temps, nos manufacturiers gagnent en masse annuellement plus de 30 pour 100 de leurs capitaux, et nos négocians en laines bien plus encore, tandis que, depuis cinq ans, les propriétaires de mérinos font des pertes continuelles et considérables. J'en connois qui ne perdent pas moins de 100,000 francs sur leurs troupeaux, et l'un d'eux m'assure même n'en être pas quitte pour 300,000 francs. Ils ont des valeurs réelles, ils n'en peuvent tirer aucun parti, grâce à l'habileté des marchands, et aux erreurs qu'a commises coup sur coup l'ancienne administration.

Les consommateurs sont, sans contredit, ceux que le Gouvernement doit avoir toujours en vue dans l'encouragement de toute branche d'industrie, mais c'est leur intérêt bien entendu, celui de tous les temps et non pas celui du moment qu'il faut voir; autrement tout seroit bientôt épuisé et toute source de richesses bientôt tarie.

Les marchands et les fabricans de draps ne veulent-ils pas de cette distinction ? Eh bien, moi je suis consommateur de draps, et je ne vois pas pourquoi, forcé de vendre mes laines exclusivement à des fabricans français pour qu'ils les aient à meilleur marché, je n'aurois pas, par réciprocité, le droit d'exiger d'eux qu'ils ne vendent désormais leurs draps qu'en France, afin que mes compatriotes et moi, nous ne les payions plus aussi cher que par le passé. Je vous supplie en conséquence, M. le Directeur général, de vouloir bien proposer à Sa Majesté la défense d'exportation à l'étranger des draps et autres étoffes fabriquées en France; ce système n'est pas plus absurde que l'autre. J'ai en sa faveur l'exemple d'un acte du Parlement d'Angleterre, qui, sous le règne d'Edouard III, prohiba l'exportation des laines manufacturées.

Ils ont vraiment bonne grâce, nos marchands manufacturiers, de demander aujourd'hui la continuation de la prohibition de l'exportation de nos laines superfines; comment! ils gagnent à la paix actuelle d'être débarrassés de la concurrence de toutes les fabriques de la Belgique, dont les produits surpassent de beaucoup ceux des fabriques françaises, et ils ne sont pas contens! et ils veulent dans leurs achats de laine être encore débarrassés de la concurrence de ces mêmes fabriques qui ne seroient plus admises à se fournir à nos marchés! Oh! c'est trop aussi de deux gains à la fois; qu'ils ne gardent pas pour eux seuls les bénéfices de la paix, et que les propriétaires de mérinos ne soient pas les victimes de cette paix, si heureuse pour tout le monde, quand ils l'ont été si long-temps de la guerre.

Vous voyez, M. le Directeur général, que si je n'avois pas prouvé que la loi du 26 février 1792 n'a jamais prohibé l'exportation des laines provenant de mérinos français, il me seroit facile de montrer que cette loi, dont les résultats se sont trouvés adoucis pour les propriétaires de laines fines, quand ils avoient pour les écouler et les manufactures françaises et les manufactures flamandes; que cette loi, dis-je, auroit pour eux les conséquences les plus funestes, aujourd'hui que le débouché de ces dernières manufactures leur manque, et qu'ils sont réduits par la paix au seul débouché de nos manufactures; en un mot, vous voyez que l'état des choses étant changé, la loi devroit être changée aussi.

Le grand argument des marchands de laines

et des manufacturiers est que c'est un des premiers principes de la science économique de conserver dans un pays les matières premières qu'il produit, et de ne les livrer à l'étranger que quand elles sont ouvragées, afin de faire faire à l'habitant tout le bénéfice de la main-d'œuvre.

D'abord je ne connois point de principe absolu en économie politique. Dans cette science, comme en médecine, l'étude fait connoître les principes; c'est l'habileté qui sait les appliquer, et même les faire fléchir au besoin. Le malheur est que l'ignorant se prétend habile; ce n'est que quand le mal est fait que la faute est reconnue.

En second lieu, la difficulté n'est pas de savoir une vérité, c'est de savoir de toutes les vérités celle qui va à la chose. Rien de plus difficile que de bien voir l'état d'une affaire, de bien poser la question. Il faut se réserver le bénéfice de la main-d'œuvre, soit; mais il faut aussi se maintenir en paix avec ses voisins. Cette vérité n'est pas moins incontestable que la première; à laquelle donnerez-vous la préférence? à la première; eh bien! vos voisins adopteront par réciprocité votre système, et ne vous donneront point une matière première qui vous manque, et qui auroit entretenu un genre d'industrie auquel vous êtes propre ; ou peut-être votre refus empêchera-t-il un traité de commerce avantageux, ou même occasionnera-t-il une guerre ruineuse.

En troisième lieu, pourquoi voulez-vous réserver à l'habitant tout le bénéfice de la main-d'œuvre? c'est pour qu'il ait du travail, répondez-vous : fort bien ! Mais s'il en a, si ce sont les bras qui manquent chez vous, refuserez-vous de livrer aux étrangers des matières premières dont vous ne pouvez pas tirer parti, et qu'ils vous rendroient, chargées d'un droit de travail, il est vrai, mais enfin converties en objets propres à votre usage. On voit par tous ces exemples, que je pourrois multiplier, que ce prétendu principe de la science économique des fabricans est sujet à tant et tant d'exceptions, qu'il ne signifie presque rien, et n'est bon qu'à servir au besoin de réponse aux gens qui veulent bien se contenter de mots.

En quatrième lieu, si la laine est, généralement parlant, matière première, n'est-ce pas une question à examiner au moins que celle de savoir si, quand il s'agit d'être juste, et de conserver à la France une branche d'industrie nouvellement acclimatée, à l'aide de laquelle seulement elle peut se procurer chez elle des laines superfines, qu'il lui faudroit aller chercher à l'étranger; si, dis-je, ces laines superfines, fruits de soins et de travaux constans et de peines toutes particulières, doivent être confondues de nom, quand elles ne le sont point de fait, avec les laines que la nature produit spontanément en France. Que la chimie fût parvenue à affiner les laines des moutons de la Flandre autrichienne, par exemple, au point de les rendre propres à la fabrication de nos draps fins, ces laines arrivant de la Flandre seroient matière première, et cesseroient de l'être en France, après avoir subi les opérations chimiques. Elles deviendroient et mériteroient d'être reputées laines ouvragées. Eh bien! qu'on ait aux propriétaires la même obligation qu'on auroit aux chimistes, puisque l'effet produit par ceux-ci ne seroit pas autre que celui produit par les premiers. Les fabricans de draps exaltent beaucoup les travaux de leurs manufactures; à coup-sûr, ils n'ont pas, depuis vingt-cinq ans, produit dans leurs ouvrages des choses aussi étonnantes que l'ont fait les propriétaires en acclimatant, en faisant prospérer les mérinos en France, malgré tous les obstacles qu'ils ont eu à vaincre.

Mais, dira-t-on encore, l'Angleterre nous donne elle-même l'exemple de la prohibition de l'exportation des laines non ouvragées ; elle défend cette exportation avec la dernière rigueur.

Je réponds que ce n'est jamais l'autorité des hommes qui me convainc, que ce n'est que celle de la raison. Les écrivains anglais, les plus forts en économie politique, ont démontré par des argumens sans réplique l'absurdité et tous les inconvéniens de la prohibition : on l'a maintenue pourtant; mais comme maintenir n'est pas répondre, je conclus seulement de l'exemple de l'Angleterre que l'intérêt personnel et la crainte de froisser de vieilles idées l'emportent souvent sur la raison chez les hommes les plus faits pour la reconnoître. La loi date en Angleterre de plus de deux cents ans ; on ne me dira pas qu'on fût alors bien avancé dans la science économique. Les commerçans ont toujours eu en tout temps, dans les deux chambres, une bien autre influence que les propriétaires. Pourquoi leur intérêt ne l'auroit-il pas emporté ? L'intérêt personnel ne parle-t-il pas là comme ailleurs ? Et n'y a-t-il pas aussi de ces erreurs que la pauvre humanité ne veut avouer qu'après des siècles ?

Pour en citer une seule, pendant dix-huit cents ans, on a regardé comme une usure en France et dans d'autres pays, de tirer des intérêts des sommes non aliénées à constitution. La raison a fait justice de cette erreur, et personne ne se fait plus scrupule de prêter à intérêt, quoiqu'il n'aliéne pas ses fonds. La société y a gagné.

Enfin, pour dernière raison, qu'un bon administrateur, un homme à grandes vues, reconnoisse une erreur publique, mais accréditée par un long espace de temps et faisant un préjugé national; quoiqu'il en sente bien tous les inconvéniens, aura-t-il toujours le courage de vouloir la détruire pour y substituer la vérité et introduire un nouvel ordre de choses plus juste, plus raisonnable, plus utile? Hélas! non: il gémira, il sacrifiera le bien de son pays à sa tranquillité et à la crainte d'échouer. Combien y a-t-il d'hommes d'état qui aient le courage d'avoir de la conscience politique? Je suis sûr qu'en Angleterre, des centaines de membres de la Chambre des Pairs et des Communes, n'ont pas osé parler contre la loi de prohibition absolue d'exportation des laines, toute détestable qu'ils la trouvoient; ils se trouvoient arrêtés par la crainte de se dépopulariser.

Mais d'ailleurs, cette loi fût-elle aussi bonne en Angleterre qu'elle me paraît mauvaise, y a-t-il parité pour la question entre l'Angleterre et la France ? il y a, au contraire, une très-grande différence. L'Angleterre est essentiellement manufacturière, et les premiers sacrifices y sont faits aux intérêts des manufactures. La France est essentiellement agricole, et son agriculture réclame de toutes parts des encouragemens. L'Angleterre possède des moutons qui produisent des laines longues, propres surtout à faire des étoffes rases; et parmi ces moutons il en est d'une race unique qu'aucune autre nation n'a pu se procurer encore. La France a des mérinos très-beaux, dont la laine est de la plus grande finesse; mais l'Espagne, la Saxe, mais l'Angleterre elle-même, et toutes les nations, en ont de cette race et peuvent en fournir au grand marché de l'Europe. Enfin, en Angleterre (et c'est là la grande différence), la viande est à haut prix; le bénéfice que fait le cultivateur anglais, par la vente de ses moutons nourris à l'engrais, est suffisant pour le remplir de ses avances et lui donner le salaire de ce genre d'industrie. Tout ce qu'il y ajoute par la vente de ses laines est un gain de plus. Il ne sera donc jamais réduit à abandonner sa spéculation, parce que ses laines ne se vendront pas tout ce qu'il les vendroit si le marché étoit libre. Il ne perd vraiment pas, il ne fait qu'un moindre bénéfice, par la mesure prohibitive. En France, le mérinos coûte fort cher à nourrir, comparativement aux moutons de race commune, et il s'en faut bien que le prix de sa viande puisse couvrir la dépense de sa nourriture et des soins particuliers qu'il demande. Il n'y a que le prix de sa laine qui puisse dédommager le propriétaire et lui offrir un bénéfice. Si la laine ne se vend pas le prix naturel que lui donneroit la concurrence, il perd réellement, et il perd d'autant plus que le prix du mérinos, qui n'est jamais considéré que comme producteur de laine, est naturellement réglé par le revenu qu'il donne, par le prix auquel se vendent les laines. Il faut que le propriétaire abandonne sa spéculation parce qu'elle le ruineroit.

Ainsi, d'après la différence qui existe pour la question entre l'Angleterre et la France, quand même le premier pays seroit fondé dans ses raisons d'empêcher la sortie de ses laines, le second n'a aucun motif de suivre son exemple. Il doit, au contraire, suivre un système tout-à-fait opposé, puisque les choses y sont dans une position tout-à-fait différente.

Je me résume, M. le directeur général.

J'ai prouvé que la loi du 26 février 1792 n'étoit que provisoire, et elle a été maintenue pendant vingt-deux ans.

J'ai prouvé que le législateur n'avoit jamais voulu ni pu vouloir comprendre dans la prohibition d'exportation les laines de mérinos français, et on les y a comprises par une extension aussi arbitraire qu'injuste.

J'ai prouvé que cette défense toute arbitraire de l'exportation avoit été adoucie, du moins jusqu'à présent, par la concurrence des marchands français et des fabricans de la Belgique; mais qu'elle se feroit sentir toute entière aujourd'hui, parce que les Belges se trouvent maintenant écartés du marché pour l'achat de nos laines comme pour la vente de leurs draps.

J'ai prouvé que la demande du maintien de la prohibition n'étoit qu'une demande d'exercice du monopole;

Que ce monopole ne profiteroit ni aux consommateurs ni aux manufacturiers;

Qu'il ne tourneroit qu'au profit de quelques marchands qui se coalisent, et ne présentent jamais entre eux qu'un seul acheteur, maître de fixer les prix qu'il veut par le défaut de concurrence.

J'ai prouvé que l'exercice de ce monopole avoit fait essuyer des pertes considérables aux propriétaires de mérinos français, qui ne pouvoient plus continuer de perdre, et dont beaucoup déjà avoient renoncé à leur spéculation, et j'ai montré que, de toutes parts aussi, les fermiers chepteliers abandonnoient leurs troupeaux.

J'ai prouvé que ce monopole si funeste ruineroit entièrement les propriétaires, s'il étoit maintenu plus long-temps;

Qu'il étoit à craindre que, dès cette année même, ceux des propriétaires qui ont résisté jusqu'à présent ne finissent par envoyer à la boucherie ce qui reste de troupeaux de race pure en France, et n'en fassent ainsi disparoître la race;

Qu'ils s'y montrent déterminés, s'ils ne voient enfin l'administration revenir à leur égard à des principes de justice, de respect pour la propriété, et de liberté de commerce;

Que la ruine des propriétaires de mérinos ne sera pas le seul effet de la continuation plus long-temps prolongée du monopole;

Qu'il en résultera inévitablement la destruction de l'une des branches les plus précieuses de l'industrie agricole ;

Qu'il en résultera que l'agriculture française sera arrêtée dans les progrès qu'elle avoit faits par la multiplication des mérinos en France ;

Qu'il en résultera la chute du système de la suppression des jachères, système qui commençoit à produire de si grands avantages, et qui nous auroit assuré en agriculture la supériorité sur nos voisins.

J'ai montré les tribulations de tout genre éprouvées par les propriétaires de mérinos, qui sont tous propriétaires fonciers ;

Que l'ancienne administration n'avoit fait aucun acte qui ne leur eût été fatal ;

Qu'ils avoient été victimes de tous les événemens et de toutes les erreurs publiques ou particulières ; qu'ils étoient ceux qui, dans les derniers temps, avoient le plus souffert des maux de la guerre, ceux sur qui étoient tombées toutes les réquisitions, auxquelles les marchands avoient pu et su fort bien se soustraire.

J'ai fait voir aussi qu'ils avoient toujours été sacrifiés aux prétendus intérêts des manufactures, qui ne sont que les intérêts de quelques marchands de laines.

J'ai fait voir que les agitations de ces marchands ne sont que la continuation de leurs premières manoeuvres pour empêcher l'introduction des mérinos en France, et qu'ils n'ont jamais voulu que faire revivre pour les laines fines un commerce avec l'étranger qu'ils pourroient concentrer entre un petit nombre d'élus, et qui ne permettroit pas au manufacturier de traiter directement avec le propriétaire de laines fines.

J'ai fait voir qu'il falloit se tenir continuellement en garde contre les demandes des marchands; et que, tandis que le cultivateur entretient par-tout la paix et l'abondance, leurs demandes à eux fomentent les haines nationales, et occasionnent des guerres qui portent de tous côtés la désolation, la ruine et la mort.

J'ai montré combien étoit ridicule la crainte que les propriétaires ne vendissent de préférence leurs laines aux étrangers, et j'ai prouvé que leur intérêt les porteroit toujours, au contraire, à les vendre aux manufactures de France.

J'ai discuté ce prétendu principe de la science économique de la fabrique des manufacturiers, qu'il ne faut laisser sortir d'un pays aucune de ses matières premières qui n'aient été ouvragées. J'ai fait voir combien ce principe est susceptible de modifications, et combien il prête à l'arbitraire ; et, par la difficulté même de l'appliquer et de l'accorder avec d'autres principes bien moins incontestables, j'en ai démontré la fausseté.

J'ai fait voir qu'en supposant même le principe vrai en soi, il ne seroit point applicable aux laines de mérinos, qui, encore nouvellement introduites en France, et à raison des soins extrêmes que les troupeaux de race pure demandent pour y prospérer, doivent être considérées comme des matières déjà ouvragées.

Enfin, j'ai détruit l'objection tirée de l'exemple de l'Angleterre, qui défend l'exportation de ses laines.

J'ai fait voir que la loi anglaise avoit été dictée par l'intérêt mercantile, et étoit le fruit de temps peu avancés dans la science économique; que les meilleurs écrivains, j'aurois dû dire tous les écrivains en économie politique, en avoient montré l'absurdité, qu'elle n'étoit soutenue que par la foiblesse de caractère des hommes en place, qui ne se dissimuloient pas ces inconvéniens, mais craignoient de se dépopulariser en attaquant un préjugé national.

Qu'au surplus, quand la loi seroit bonne en Angleterre, elle ne pourroit être adoptée en France, à raison de la différence qui existe entre les deux pays, l'un étant essentillement manufacturier et l'autre essentiellement agricole; l'un donnant aux spéculateurs sur les moutons des bénéfices suffisans par le prix élevé de la chair et du suif, tandis que l'autre, en empêchant la concurrence des acheteurs de laines fines, réduit pour les spéculateurs sur l'éducation des mérinos le prix des laines à un point tel, qu'au lieu de bénéfices, il ne présente que des pertes, et des pertes considérables qui obligent de renoncer à la spéculation.

Il me reste, M. le Directeur général, à vous supplier de mettre enfin un terme aux longues souffrances et au désespoir des propriétaires de mérinos, en levant une prohibition que rien ne peut justifier, et qui les ruine tous, une prohibition qui n'enrichit que quelques monopoleurs, et qui fait périr une des branches les plus utiles de l'industrie agricole, et retrograder l'agriculture française.

C'est à vous, Monsieur, qu'est réservé de faire cesser tant de maux. Quelle occasion pour un administrateur comme vous que celle de redresser de vieilles erreurs, de réparer de grands torts administratifs, et d'être, auprès d'un Ministre dont les idées sont si libérales, auprès d'un Roi aussi profondément instruit que vertueux et bon, le promoteur de mesures marquées au coin de la raison, de la justice et des vrais principes !

Imprimerie de Madame HUZARD (née VALLAT LA CHAPELLE).

www.ingramcontent.com/pod-product-compliance
Ingram Content Group UK Ltd.
Pitfield, Milton Keynes, MK11 3LW, UK
UKHW020351250726
13967UKWH00005B/2224

9 782013 046152